10岁开始思考世界

关于人生的 26个 为什么

[日] 岩村太郎 著

张惟 边大玉 译

中信出版集团 | 北京

序
丰富我们"心中的小屋"

自古以来，很多哲学家都在思考有关世界和人生的问题。

有些思考至今还没有找到答案，有些思考发现了真理，有些思考则救赎了心灵……在这个大大的世界上，仍然有着许多未解的谜团。

从小思考哲学问题，可以让我们的内心强大起来。内心强大了，自然就学会替别人着想了。要知道，为别人着想是成长之路上一个非常重要的课题。

通过思考，我们可以提高自己为人处世的能力。人会慢慢变得成熟，同时也会获得活在当下的力量。

每当有了新的发现，或者产生新的信念时，我们的内心可能就会出现一个"小小的房间"，也就是我们"心中的小屋"。

小的时候，我们可能都曾经相信过那些现实中未经科学认可的事物，比如圣诞老人、魔法师、精灵或者妖怪等。虽然它们既看不见也摸不着，但却一直都住在你"心中的小屋"里!

即便我们长大以后,"心中的小屋"里住的事物可能也不会消失,甚至还会让我们的人生变得更为丰富多彩。

在日常的学校生活中,在和朋友相处的过程中,相信你也会有一些不能和老师、家人或者伙伴分享的困惑和疑问吧?在这本书里,我会借助一些名人说的富含哲理的话,陪你一起思考这些困惑和疑问。

在哲学的帮助下,你会打开一个自己以前不曾发现的崭新世界。

希望你今后拥有广博的见识,不断丰富自己"心中的小屋",成为一个精神富足、内心强大而又充满魅力的人。

岩村太郎

目　　录

第 1 章　关于自己 ………………………………………… 1

Q 我拿自己跟别人比较时就会有些自卑，怎么办？………… 2
Q 我有很多东西都不会，怎么办？ …………………………… 4
Q 我不擅长表达自己的想法，怎么办？ ……………………… 6
Q 我想变得更漂亮，怎么办？ ………………………………… 8
Q 我不知道自己有哪些优点，怎么办？ ……………………… 10
Q 什么是"自我风格"？ ………………………………………… 12

岩村老师的哲学讲座 ①

人类的祖先智人为什么可以存活下来？ ……………………………14

第 2 章　关于朋友 ……………………………… 15

Q 我的朋友不多，怎么办？ ……………………………… 16

Q 看到好朋友和别人玩儿，就会心里难受，怎么办？ ……… 18

Q 有些人喜欢故意孤立别人，怎么办？ ……………………… 20

Q 吵架之后说"对不起"好难啊，怎么办？ ………………… 22

Q 爱一个人，到底是一种什么样的感觉呢？ ………………… 24

岩村老师的哲学讲座 ②

所有事物的起因，都是"看不到"的 ……………………… 26

第 3 章　关于善恶 ······ 27

- Q 人为什么要遵守规则？ ······ 28
- Q 只要没人发现，就可以做坏事了吗？ ······ 30
- Q 为什么总有人喜欢欺负别人呢？ ······ 32
- Q 我应该对破坏规则的人发出警告吗？ ······ 34

岩村老师的哲学讲座 ③

在"两种时间"中生活 ······ 36

第 4 章　关于生活 ······ 37

- Q 人为什么必须要学习？ ······ 38
- Q 对于那些不擅长的事情，我可以放弃吗？ ······ 40
- Q 为什么他们总是让我多读书呢？ ······ 42

Q 我的理想不被支持，怎么办？ …………………… 44

Q 活着的意义是什么？ …………………………… 46

Q 什么是幸福？ …………………………………… 48

岩村老师的哲学讲座 ④

一个人只有感受到爱，才能去爱 …………………… 50

第 5 章 关于生命 …………………… 51

Q 心在哪儿？ ……………………………………… 52

Q 花草树木也有情感吗？ ………………………… 54

Q 我很怕死，怎么办？ …………………………… 56

Q 人死后会发生什么？ …………………………… 58

Q 人为什么会伤害他人？ ………………………… 60

人物介绍

这里介绍的人都是本书中出现的极为有名的人物，而且他们在各自的领域也都非常重要。

泰勒斯（约前624—约前547）

"希腊七贤"之一，也被称为"米利都的泰勒斯"。被誉为"哲学之祖"。虽然泰勒斯的著作没有流传下来，但他提出的"水是万物之本原"非常有名。

哲学思考

最困难的事情是认识自己，最容易的事情是给别人提建议。（第7页）

苏格拉底（前469—前399）

阿波罗神庙的神谕说"没有比苏格拉底更聪明的人"。苏格拉底提出"认识你自己"的观点，一生致力于探究和认识人类自身。他拥有众多弟子，柏拉图就是其中一员。传说在被判处死刑时，苏格拉底表示"恶法亦法"并拒绝越狱，随后更是举起了装有毒芹汁的杯子一饮而尽。

哲学思考

自知自己无知。（第5页）
活着不是目的，好好活着才是。（第31页）

希波克拉底（约前460—前377）

希波克拉底在医学方面颇有建树，给西方医学带来了巨大影响，被誉为"医学之父"。他撰写的关于医师伦理的宣誓文"希波克拉底誓言"更是流传至今。

哲学思考

脑是心理的器官。（第53页）

柏拉图（前427—前347）

柏拉图作为苏格拉底的弟子，同样也对西方哲学产生了巨大的影响。柏拉图认为人的灵魂原本高居于天上，可看清事物的本真。但是后来灵魂降临于世，许多东西便遗忘了。此外，柏拉图还在雅典郊外设立了名为"阿卡德米"（Akademos）的学园，后来这个名称成了英语里"学院"（academy）一词的语源。

哲学思考

人类曾是"双体人"。（第25页）
理念，既完美又纯粹。（第45页）
灵魂不朽。（第59页）

亚里士多德（前384—前322）

亚里士多德18岁进入阿卡德米学园求学，那时的柏拉图已年逾花甲。在柏拉图去世前20年间，亚里士多德一直在阿卡德米学园发奋学习。他倡导现实主义哲学，并在物理学、心理学等领域都做出了突出贡献，被称为"万学之祖"。

哲学思考

人是一种社会性动物。（第21页）
心脏是思想、情绪的起源。（第53页）

弗兰西斯·培根（1561—1626）

英国哲学家，他认为一切知识都是通过经验得来的。培根被称为"英国经验主义的创始人"，他的由经验找出答案的方法则被称为"经验归纳法"。

哲学思考
知识就是力量。（第39页）
假相，会阻碍人类获取知识。（第43页）

勒内·笛卡儿（1596—1650）

法国哲学家、自然科学家，被称为"近代哲学之父"。他主张"天赋观念"，认为人类生来即拥有知识。笛卡儿的主张被称为"大陆理性主义"，与培根的"英国经验主义"相对立。

哲学思考
我思故我在。（第53页）

马丁·布伯（1878—1965）

宗教哲学家马丁·布伯的哲学理论被称为"对话哲学"。他重视人与人之间的心灵交汇，认为世界可以通过人与人的对话不断展开。

哲学思考
"我与你"的关系才能称为朋友。（第17页）
人只能在与人的关系中才能发现永恒的自己。（第23页）

第 1 章

关于自己

Q 我拿自己跟别人比较时就会有些自卑，怎么办？

A 自卑其实可以转化为前进的动力。

哲学思考

阿尔弗雷德·阿德勒（1870—1937）

和自卑做朋友。

精神科医生、心理学家阿尔弗雷德·阿德勒曾经说过，"我们要和自卑做朋友"。自卑是每个人都会产生的一种情绪，如果好好加以利用的话，反而能够转化为促使我们前进的动力。

在自卑之中，糟糕的自卑是人们拿自己和别人相比较。例如，"我踢球比他糟，我很差劲"就是一种很不好的想法。究其原因，就在于即便你通过勤奋练习超过了那个人，之后还是会忍不住再去和其他人进行比较。所以重要的是，我们要改掉总是喜欢拿自己和别人做比较的坏习惯，否则这种不好的自卑感会使人形成自卑的思维方式。

与此相对，良好的自卑感是与"理想的自己"相比较所产生的。心怀目标是一件很重要的事情，如果在此基础上还能够冷静地判断出自己与这一理想目标之间有多大差距，那更是再好不过了。这样一来，就算是面对不擅长的事情，你也一定不会退缩。

Q 我有很多东西都不会，怎么办？

A 正是因为知道自己不会、不知，所以我们才能够进步啊。

哲学思考

苏格拉底（前469—前399）
自知自己无知。

"自知自己无知"是苏格拉底提出的一个命题。有一天，苏格拉底询问他所认识的智者到底什么是善与正义。智者们纷纷表示自己"当然知道答案"，但是随着讨论的深入展开，最终却没有一个人能够清楚地给出答案。这个时候，苏格拉底突然意识到，原来很多人都只是觉得自己知道，而其实却什么都不知道。

这些自以为自己知道，实际却什么都不知道的人，注定是无法取得进步的。苏格拉底通过这件事得出了一个结论——原来知道自己一无所知的人才是真正的智者。

知道自己"不会"然后去学习，也就意味着我们可以继续前进；知道自己"不会"，所以才能付出努力。这可是一件很棒的事啊！

Q 我不擅长表达自己的想法，怎么办？

A 深刻地认识自己，才能更好地表达自己的想法。

我是谁？

> **哲学思考**

泰勒斯（约前624—约前547）

最困难的事情是认识自己，最容易的事情是给别人提建议。

虽然那些对自己的想法侃侃而谈的人看起来既聪明又帅气，不过大家还是要竖起耳朵，仔细听一听他们说的内容。

"希腊七贤"之一的泰勒斯曾经说过，最困难的事情是认识自己，最容易的事情是给别人提建议。

评判他人或者给别人提建议并非难事，每个人都可以做到。但是，我们又很容易无法将自己的意见表达清楚。如果想要准确地表达自己的想法，首先是要认识自己。所以，要是你正在苦恼"不擅长表达自己的想法"，那么不妨试着先来好好地认识一下自己，仔细想一想自己身上到底有哪些优点和缺点。认清自己，才能更好地表达自己的想法。

Q 我想变得更漂亮，怎么办？

A 不要忘记自己的内在美。

哲学思考

伯里克利（约前495—前429）

我们爱好美，但是没有因此而至于奢侈；我们爱好智慧，但是没有因此而至于柔弱。

伯里克利是古希腊时期雅典的政治家。他曾在演说中说道："我们爱好美，但是没有因此而至于奢侈；我们爱好智慧，但是没有因此而至于柔弱。"这句话警醒大家不要因为追求美而过分奢靡，也不要因为获得了智慧而变得柔弱。

我想变漂亮！我想打扮得美美的！虽然抱有这样的想法非常自然，但是如果只注重外在打扮，而不注意节制，变得过度奢侈，就不好了哟！真正的美比奢侈打扮来的美更为重要，所以还是要多加注意。

不论做什么事情，都要把握好"度"。伯里克利通过演说告诉我们，"适度"对于真正的美来说是非常重要的。

所以，我们不能只追求表面上的美丽，更要记得打磨自己的内在之美。

Q 我不知道自己有哪些优点，怎么办？

A 每个人都无法轻易地了解自己。

脖子长可真帅气啊！

是吗？我还以为这很普通呢……

哲学思考

伊曼努尔·列维纳斯（1906—1995）

人无法看到自己的脸。

人的优点往往隐藏在那些自己认为理所应当的事情之中，所以并不容易察觉。如果你做某件事情是为了得到别人的夸赞，自然这也就无法称为"优点"。

就像法国哲学家伊曼努尔·列维纳斯所说的那样，"人无法看到自己的脸"，也就是说，人其实是看不到自身优点的。我们有时可能会感到不安，产生"我是不是讨人嫌了？""别人是怎么看我的？"之类的想法。但是你要知道，自己在"无形之中"一定存在着某些优点，所以大可不必担心。

另外，列维纳斯还曾经说过，"别人最清楚你的长相，而你最清楚别人的长相"。与其因为担心别人怎么看待自己而心怀不安，不如反过来去找一找朋友们身上的优点。这样一来，你的人缘也会更好哟。

Q 什么是"自我风格"？

A 没有人知道什么才算是真正的"自我风格"。

哲学思考

布莱瑟·帕斯卡（1623—1662）

人是一棵有思想的芦苇。

法国哲学家布莱瑟·帕斯卡曾说，"人是一棵有思想的芦苇"。

芦苇是一种外观很像芒草的禾本科植物，大多生长在河畔或湖边。微风拂过时，芦苇无依无靠，只能随风摆动。帕斯卡见状不禁感慨，人也正如这芦苇一般，脆弱无依。

尽管随着科学的发展和互联网的发达，人们常常会误以为自己无所不能，然而实际上却连最能彰显"自我风格"的日常小事是什么都答不出来。不仅如此，大多数人在情感发生变化时，言谈举止也会随之发生改变。人们有时态度温和，有时却会有压抑不住的愤怒涌上心头。另外，人们的一言一行也会随着所处的集体或面对的对象而发生改变。在面对家人、朋友、喜欢的人或老师时，你的态度多少会有些不一样吧？这也是因为人们面对不同的对象会抱有不同情感。

人是一种受感情操控的存在。可以说，你所感受到的一切就形成了你的"自我风格"。

岩村老师的哲学讲座 ❶

人类的祖先智人为什么可以存活下来？

人类的祖先智人，是今天我们所说的哺乳纲灵长目人科人属生物中唯一存活下来的物种。智人出现于距今约 20 万年前，而尼安德特人则出现于距今约 35 万年前。据考证，尼安德特人的大脑比智人的更大，体格也更加强健，但最终存活下来的却是智人。

在那个以狩猎为生的时代，你是不是以为拥有更大的大脑和强健的体格，才更容易存活下来呢？

智人留下了几乎完整的全身骨骸，因此我们推断他们有埋葬逝者的习惯。此外，智人的骨骸中有很多都是没有牙齿的老人，科学家推测他们拥有与同类分享食物的优良传统。所以，或许那时的智人就已经可以感知关爱、幸福和喜悦了。也就是说，他们拥有了"理念"（见第 45 页）。

另外，据说智人还曾使用了比尼安德特人更加复杂的语言。

第2章

关于朋友

Q 我的朋友不多，怎么办？

A 朋友并不是越多越好。

哲学思考

马丁·布伯（1878—1965）
"我与你"的关系才能称为朋友。

马丁·布伯在他的著作《我与你》里，为我们解释了自己和他人之间的关系，而书中出现的"相遇"一词，其实就包含了解释友情的线索。严格来说，"相遇"包含"相逢"和"遇见"两个意思，并且二者之间的语义截然不同。马丁·布伯用"遇见"表示"我与你"的关系，用"相逢"表示"我与它"的关系。这样的描述可能理解起来有些困难，其实主要意思就是"我与你"的关系才能称为朋友，而"我与它"的关系只是单纯的同学或熟人而已。如此说来，朋友的价值也就无法用数量来衡量了。所以，我们没有必要为了朋友的多少而烦恼，而应该学会珍惜那些可以成为"我与你"关系的知心好友。

Q 看到好朋友和别人玩儿，就会心里难受，怎么办？

A 嫉妒是一种占有欲。让我们学会替别人着想吧。

> **哲学思考**

> 莱因霍尔德·尼布尔（1892—1971）
>
> # 人类分成"光明之子"与"黑暗之子"。

这种心里难受的感觉，其实就是嫉妒，也就是所谓的占有欲。换句话来说，就是总想着只对自己有利的事情。因为没有实现心里想的对自己有利的事情，而觉得心里不舒服，这就是"嫉妒"。

神学家莱因霍尔德·尼布尔在他写的《光明之子与黑暗之子》一书中，将人类分成了"光明之子"和"黑暗之子"。光明之子会优先考虑他人，善良却愚蠢，而黑暗之子则只考虑自己的利益，精明但邪恶。我们之所以容易变得嫉妒，其实是受了黑暗之子思维方式的影响。一个人如果只想着对自己有利，就会让自己的情绪变得更糟。为了避免这种情况，我们需要成为光明之子，学会尊重他人的利益和情绪。这样一来，自然也就不容易生气了。

Q 有些人喜欢故意孤立别人，怎么办？

A 学会保持理性，不被人类的本能所打败。

孤孤单单

少数派

热 热 闹 闹

多数派

> **哲学思考**

> 亚里士多德（前384—前322）
> # 人是一种社会性动物。

亚里士多德曾提出"人是一种社会性动物"。所谓"社会性"，简单来说就是"规则"和"集体"的意思，而学校自然是一个社会性的场所。换言之，人作为一种社会性的动物，是无法独自生存下去的。也正因如此，人们才会本能地将不遵守社会和集体规则的人排挤出去。

在人类这种"社会性动物"的本能驱使下，如果学校的小团体里有人和其他人行动不一致，那么这个人就很可能会受到孤立。但是我们千万不要觉得这是人的本能，所以就默默地接受。毕竟，人类同样拥有能够抑制本能的理性。如果身边的朋友要孤立其他伙伴，我们就要用理性来制止这件事的发生。希望你能学会保持理性，不被本能所打败。

Q 吵架之后说"对不起"好难啊，怎么办？

A 仔细想想你和对方的关系。

对不起

> **哲学思考**
>
> 马丁·布伯（1878—1965）
>
> **人只能在与人的关系中才能发现永恒的自己。**

英语中"对不起"是"I'm sorry"，而"sorry"这个词还有"真可怜"的意思，所以"I'm sorry"的另一种意思是"我觉得你很可怜"。本要道歉的人却觉得对方可怜，听上去是不是有些奇怪呢？

然而，很关键的是，这种怜悯的感觉其实是和对方产生的一种共鸣。一个人有没有魅力，就是由这些"产生共鸣的能力""为对方着想的能力"来决定的。哲学家马丁·布伯曾经说过，"人只能在与人的关系中才能发现永恒的自己"。在他看来，人类永远存在于"我与你"的关系之中。

所以，当你很难说出"对不起"的时候，请想一想自己和对方的关系吧。这样一来，你就会在心里泛起想要珍惜对方的感觉。对于你所珍爱的亲友而言，"对不起"就是修复彼此关系的三字真言。

Q 爱一个人，到底是一种什么样的感觉呢？

A 每个人都拥有"寻找另一半的能量"。

你知道吗？

不知道。

> **哲学思考**

> 柏拉图（前427—前347）
> # 人类曾是"双体人"。

"爱"这种情感很难用语言来解释。柏拉图曾在《会饮篇》中描述过一个有关爱恋起源的神话故事。故事提到，人类最初都是两性同体，他们的身体是由两个人背靠背连在一起形成的。他们既强壮又傲慢，这让诸神感到了威胁。于是，为了削减他们的力量，神把所有人都一分为二。

据说在那之后，被分成两半的人就一直在寻找曾经和自己是一体的"另一半"……所以，人类确实曾是"双体人"呢。

在希腊语中，有三个词可以用来形容"爱"，它们分别是"eros"、"philia"和"agape"。其中"eros"表示恋爱，"philia"表示友爱和对幸福的祝愿，而"agape"则表示一种不计得失的无偿的爱。你看，"爱"这种情感还挺深奥的呢。

岩村老师的哲学讲座 ❷

所有事物的起因，都是"看不到"的

当你看到池塘里微波粼粼时，就知道是风儿拂过了水面。但人世间，事物的起因往往都是"看不到"的。但是，不是所有的人都明白这个道理。有风吹过，水面就会泛起粼粼微波，这是再平常不过的事。然而，对这些稀松平常的事情展开思考，能够透过水面的涟漪想到有风吹过，这便成了哲学。

我们甚至可以说，"世界是由看不见的东西所驱动的"。建议你们试着对各种各样的事物展开思考，充分发挥想象，去认识那些看不见的东西。

如此一来，你就会渐渐地找到属于自己的生活方式。希望你们都能够找到自己擅长做的事情，长大以后走出一条属于自己的康庄大道，而不是成为一个只会循着别人足迹生活的人。

就像人们常说的那样，"百炼才能成钢"。通过对自己的所见所闻进行反复、深入的思考，你就会成长为一个既有人情味又富有魅力的人。同样，如果一个孩子时常对"看不到"的东西展开思考，那么长大以后他也会拥有广阔的胸怀。

第3章

关于善恶

Q 人为什么要遵守规则？

A 我们需要规则，只有这样才能和别人共处。

> **哲学思考**
>
> 托马斯·霍布斯（1588—1679）
> # 自然状态下会出现"一切人对一切人的斗争"。

规则是我们与他人共处的必要条件。除非这个世界上只剩下你自己一人，否则规则就是必不可少的。

著名政治哲学家托马斯·霍布斯曾说，"自然状态下会出现'一切人对一切人的斗争'"。在他看来，自然状态指的是没有规则和法律约束的状态，而在这种状态之下，人们围绕财富和权力相互斗争，仿佛狼对狼一般。为了避免这样的斗争发生，人们需要一种绝对的权力统治，规则也就随之产生了。

但是，规则也不一定在任何情况下都必须遵守。换句话说，规则是人们为了和他人共处而制定的种种"假设"，随着共处人数和所处状况的变化，有些规则也就不再适用了。在这种情况下，我们不用执着地认为"规则就必须遵守"，而是要适时地思考一下，"在人与人的相处过程中，这样的规则还是否必要"。

Q 只要没人发现，
就可以做坏事了吗？

A 做人要问心无愧。做坏事，
可是会伤害你的内心哟。

> **哲学思考**
>
> 苏格拉底（前469—前399）
> # 活着不是目的，好好活着才是。

对于人类的幸福来说，"德"是非常重要的一项内容。"德"就是"德性"的"德"，这么说可能还是有些不太好理解。简单地说，"德"表示的是一种良好的行为。为了具备这一良好的品质，我们首先需要学会分辨什么是善，什么是恶。而为了获得这种分辨善恶的能力，我们必须掌握智慧（知识）。也就是说，只有有了知识，我们才能分辨善恶，才能具备"德"，智慧和品德其实是一体的。苏格拉底称之为"德性就是知识"，并将它传授给了自己的学生们。

苏格拉底曾经说过，"活着不是目的，好好活着才是"。如果有人认为"只要没人发现，就可以做坏事"的话，那可真是一件令人非常痛心的事情。毕竟这不仅表示他没有好好地活着，而且还在不知不觉中伤害着自己的内心。做人，可是要问心无愧哟。

Q 为什么总有人喜欢欺负别人呢？

A 内心脆弱的人才会欺负别人。

哲学思考

艾瑞克·弗洛姆（1900—1980）

霸凌者有着依赖于他人的脆弱心灵。

　　与受到欺负的人相比，喜欢欺负别人的人往往会在以后的人生中经历更多的痛苦。究其原因，就在于这种人会因为失去了欺负的对象，而丧失自己在社会中的存在感。因此，他们的内心也就无法得到安宁。

　　事实上，内心脆弱的人才会去欺负别人。社会哲学家艾瑞克·弗洛姆认为，霸凌者有着"依赖于他人的脆弱心灵"。心灵脆弱的人总会希望跟随有领导才能的人一起行动，随着抱有这种想法的人越来越多，他们就慢慢地形成了集体。当集体形成之后，那些最初只想要追随别人的人就会开始攻击比自己更为弱小的同类，这就是霸凌。欺负人这种事并不光彩，这样的人很是可悲。

Q 我应该对破坏规则的人发出警告吗？

A 是的，但更重要的是，要让对方知道这样做是错误的。

规 则
1. ___
2. ___
3. 禁止钓鱼

哲学思考

渡边淳一（1933—2014）
钝感力是一种大智若愚的人生态度和人生智慧。

当发现有人不遵守规则的时候，我们最好还是提醒一下。不过，还有一件事情更加重要，那就是让对方知道这样做是错误的。对于破坏规则而不自知的人来说，告知是非对错是很有必要的。

举个例子，你在不知情的情况下不小心闯入了公园内闲人免进的区域，这时就算是有人过来对你劈头盖脸地骂一顿，你可能也不明白为什么会挨骂。

除此以外，在提醒别人时，我们也要做好招人讨厌的心理准备。毕竟，这样做很可能会招来对方的怨气和不满。作家渡边淳一曾在他写的《钝感力》一书中提到，"人需要有一定的钝感力"。也就是说，哪怕会招人厌烦，我们也不要太在意，要明确地告诉对方那样做是错误的。毕竟从结果来看，这样做也是为了对方好。

岩村老师的哲学讲座 ③

在"两种时间"中生活

正和朋友玩得尽兴,你是不是会觉得"时间怎么过得这么快"呢?与此相反,当你在上自己不喜欢的课时,也曾有过"怎么才过了这么一会儿"的想法吧。这两种感受都与"时间"有关,而我们就生活在"两种时间"之中。

其中一种时间是"客观时间",也就是我们所说的"钟表时间"。对每一个人来说,每一秒的时长都是均等的。这种时间是在文明发展到一定程度之后,人为了治理社会而制定的。

另一种时间是"主观时间",也就是我们"感觉到的时间"。主观时间会随着人的不同感觉而发生变化,当我们沉浸在自己喜欢做的事情里时,会觉得时间一晃就过去了;而在很不情愿地做着自己厌烦的事情时,则会产生度日如年的感觉。

古罗马思想家奥古斯丁曾对时间进行思考,并得出了结论——"忙碌的时光虽然匆匆,但不虚度。虚度的时间纵然漫长,却也徒劳。"也就是说,紧张忙碌的时间虽然短暂,但却成了宝贵的回忆;与此相对,无所事事的时光则不会给人留下任何的印象。人生在世,可不要虚度光阴哟。

第4章

关于生活

Q 人为什么必须要学习？

A 因为通过学习，未来的人生就能拥有更多的选择。

> **哲学思考**

> 弗兰西斯·培根（1561—1626）
> # 知识就是力量。

英国知名的哲学家弗兰西斯·培根曾经说过，"知识就是力量"。通过学习获得的知识会变成你自身的能力，随着这一能力的逐渐积累，你拥有的人生选择也就越来越多，等到长大以后就可以派上用场了。在游戏中，通常持有更多武器装备或拥有更多技能的人为强者，人生其实同样如此。随着知识的增加，人生就会拥有更多的选择，你也就能够随心选择自己喜欢的生活方式。

培根认为，经验对于获取知识非常重要。学习不能只限于书桌，而是要走出家门，多看、多听、多体验，它们同样也是非常重要的学习。培根的这一思想被称为"经验论"。

那些知识渊博的人，在你眼中也是"有趣的人"吧？虽然现在所学的知识在今后不一定能派上用场，但我还是希望你能够成为拥有丰富知识和光明未来的人。

Q 对于那些不擅长的事情，我可以放弃吗？

A 还是再坚持一下试试看吧！

> **哲学思考**

> 巴鲁赫·德·斯宾诺莎（1632—1677）
>
> # 人是情感动物。

轻易放弃那些自己不擅长的事情，其实可不太好哟！我们往往只在面对那些"肯定不行""肯定做不到"的事情时，才会选择放弃。

不仅仅是做擅长的事情，才会让人乐在其中，我们应该享受做每一件事的乐趣，不要轻言放弃，一定要再坚持看看！要是每次遇到自己不擅长的事情，都立刻选择放弃的话，自己的很多潜力便无法激发出来，自己的道路也会越走越窄。

毕竟就如荷兰哲学家巴鲁赫·德·斯宾诺莎所说，"人是情感动物"。在面对那些不擅长的事情时，如果给自己多注入一些信心，多告诉自己"我是最棒的！"，也许能让你收获意外的能量，带给你快乐、幸福的感受！这样，那些不擅长的事情在你面前似乎也没有那么艰难啦！

Q 为什么他们总是让我多读书呢?

A 因为边读书边思考,是获取新知识的好方法啊。

> **哲学思考**
>
> 弗兰西斯·培根（1561—1626）
> # 假相，会阻碍人类获取知识。

遇到不明白的事时，上网搜索一下是一件非常便利的事情。那么，网络和书籍的区别是什么呢？说得稍微抽象一点儿，如果从有无针对性来解释的话，网络代表的是一种有针对性的"信息"，而书籍则代表着普适的"知识"。对于前者来说，派不上用场的信息是没有任何意义的。比如你现在身在日本，如果想知道明天天气的话，那么美国的天气预报对你来说就是没有意义的。这就是所谓的有针对性的信息。与此相对，如果你在书中看到了许多关于美国气候的内容，那么这些就成了你的知识。人们所说的"多读书"，其实就是"多获取知识"的意思。

弗兰西斯·培根曾经说过，有一种东西会阻碍我们获取知识。它就是"假相"，假相会让人们曲解那些来之不易的宝贵知识，所以我们要学会认真地思考，不要戴着有色眼镜来看待事物。

Q 我的理想不被支持，怎么办？

A 明确目的背后的目标，朝着理想努力前进吧。

不行不行

44

哲学思考

柏拉图（前427—前347）

理念，既完美又纯粹。

　　如果一个理想会因为别人的反对而轻易被放弃的话，那只能说明它本身就是行不通的。你需要认真思考的是，这个理想究竟是你的"目标"，还是你的"目的"。

　　比如，你的理想是"考入名牌大学"，如果不考虑入学以后的事情，那么"上名牌大学"这件事就仅仅只是一个目的而已。我希望你可以把目光放得长远一点儿，去寻找目的之后的真正目标。一旦有了强而有力的目标，你就很难因为别人的反对而有所动摇了。

　　柏拉图认为，除了"理念"既完美又纯粹之外，世间万物都是扭曲的。所谓理念，我们也可以理解为一种理想或梦想。彻底实现一个理想是非常困难的事情，关键是要朝着理想的方向不断努力。举例来说，如果你的理想是成为足球队的主力，那么你就要通过坚持练习和参加比赛来不断地接近它。朝着理想每踏出一步，你都会收获一份在未来道路上前行的力量。

Q 活着的意义是什么？

A 生命的意义需要你自己去发现。

> **哲学思考**
>
> 让-保罗·萨特（1905—1980）
> # 人类被判了自由之刑。

虽然生命是父母赐予我们的，但是生命的意义却无法从他们那里找到答案。让-保罗·萨特曾经说过，"存在先于本质"。"存在"指的是"存在于此"，而"本质"则代表着"某种意义"。也就是说，在思考生命的意义之前，我们首先是"存在于此"的。

另外，萨特还认为"人类被判了自由之刑"，即每个人都拥有自由的意志。事实上，自由并不都是让人愉快的。"自由"与"责任"并存，时常还会伴有"不安"。萨特之所以用判刑来形容自由，应该就是在强调这样一种责任与不安吧。

拥有自由虽然并非时时轻松，但是你可以将它转化成更为快乐和充实的感受。至于那些别人赋予你的，其实并不是真正的生命的意义。希望大家都能拥有坚强的意志，自己决定自己人生的意义。

Q 什么是幸福?

A 幸福，就是按照自己的想法来生活。

就这样优哉游哉地过一天吧!

> **哲学思考**
>
> 新渡户稻造（1862—1933）
>
> # 人生的目的在于拥有健全的人格。

虽然每个人感到幸福的瞬间各不相同，但是幸福的人却都有一个共同的特点，那就是认可感到幸福的自己。可能你会觉得这是理所当然的事情，其实这一点非常重要。在哲学中，这种肯定自己的意识被称为自我认同感。如果一个人的自我认同感很低，那么无论做什么事情，这个人都会产生"反正我不行"之类的负面想法。事实上，这样的人永远也无法感到幸福。在当今社会，很多人的自我认同感都不是很高，想来还真是一件让人难过的事情啊。

著有《武士道》一书的新渡户稻造曾经说过，"人生的目的在于拥有健全的人格"。很多时候，明确的人生目标能够帮助人们获得幸福。为了实现自己的人生目标，你需要有坚定的意志，并在思考之后行动起来，这一点非常重要。

岩村老师的哲学讲座 ④

一个人只有感受到爱，才能去爱

古语有云："人何以待我，我何以待人。"如果一个人小时候受到过父母的责骂或高年级学生的欺负，那么等他成为高年级的学生之后，或者在他做了父母以后，很有可能也会使用暴力。这种现象被称为"负面连锁效应"。

莫名受了别人的气，应该都会想要反击吧。人很容易无意中将自己受到的伤害施加给别人。只是这样一来，负面连锁效应就会无休无止地循环下去。因此，如果有人对你做了不友好的事，希望你能够保持理性，不对别人做同样的事情，以此来斩断这一负面的连锁效应。

同样地，如果有人做了令你开心的事情，希望你能毫不吝惜地将这份快乐传递出去。毕竟一个人只有感受到爱，才能去爱。

还有人曾经说过，"所爱之人的价值，就是你的价值"。如果爱上了一个一无是处的人，那么自己也会变得一事无成；如果爱上了一个富有魅力的人，那么你也会变得充满魅力。或许这些话对你来说有些成熟，不过总有一天相信你会明白的。

第5章

关于生命

Q 心在哪儿？

A 有人认为，我们的身体与心灵是彼此独立的。

> **哲学思考**

勒内·笛卡儿（1596—1650）

我思故我在。

人的心灵、理性和情感，到底存在于哪里呢？亚里士多德曾认为，它们都存在于"胸（心脏）"之中。确实，我们一感到紧张，心脏就会怦怦地跳个不停。希波克拉底则认为，它们都存在于"大脑"里，因为人会用大脑来感知喜悦和悲伤。

而"近代哲学之父"笛卡儿认为，人的身体和心灵是彼此独立的。在他看来，正是有了大脑中央一个叫"松果腺"的小小器官，我们的身体和心灵才能够相互配合，彼此连接。因此，松果腺才是人类灵魂的归宿。

此外，笛卡儿对世间万物是否真实存在抱有怀疑的态度。不过，他发现其中唯一一个真实存在且不容置疑的，就是"持怀疑态度的自我意识"，而这正是我们的内心。"我思故我在"，就是当时笛卡儿对他的这一发现做出的表述。

Q 花草树木也有情感吗？

A 你是怎么认为的呢？

> **哲学思考**

> 亚里士多德（前384—前322）
> # 人类、动物、植物和矿物组成了等级关系。

　　植物也有生命。不过因为没有神经的存在，所以它们应该不会感觉到疼痛。就算我们折断了一根枝条，树也不会觉得难受，只是折下来的树枝不久便会枯萎死去罢了。

　　被称为"动物学之父"的亚里士多德曾对生物进行过分类，并将整个世界按"人类、动物、植物、矿物"的顺序排列。尽管很多哲学家都认为植物虽有生命却无情感，可是法隆寺的宫殿木匠西冈常一却不这么认为。在他看来，"只有与树木对话交流，才能成为真正的木匠"。

　　听说在一项实验中，人们准备了同样品种的两株植物，并对其中一株持续地说些温柔、积极的话，而对另一株却只说阴沉、消极的话。结果发现，聆听积极话语的植物长势良好，而接受消极话语的植物却慢慢地失去了活力。在你看来，植物是不是也有情感呢？

Q 我很怕死，怎么办？

A 对于死亡的思考，能够帮助我们发现活着的意义。

哈哈哈　哈哈哈

哈哈哈

嗯……

哲学思考

马丁·海德格尔（1889—1976）

当你无限接近死亡，才能深切体会生的意义。

　　马丁·海德格尔是20世纪最重要的哲学家之一，他认为，当你无限接近死亡，才能深切体会生的意义。植物和人以外的动物都不会对死亡有所意识，只有人类才会对终将到来的死亡展开思考。

　　然而，现实中恐怕很多人都不敢直面每个人必将迎来的死亡吧。海德格尔认为，人类只有正视死亡，才能找到生命存在的意义和使命，并下决心朝着这个使命不断前进。

　　人无法按照自己的意志降生在这个世界。当你有了意识的时候，你已经拥有生命了。你就是"被抛入世界的存在"。慢慢地，你会意识到终将到来的死亡，并找到自己的使命，下定决心努力生活下去，而这也正是人类的高贵之处。生命之有限，方显其伟大。

Q 人死后会发生什么？

A 对此，不同的文化有很多种不同的回答哟！

死了？

啊呀！

哲学思考

柏拉图（前427—前347）
灵魂不朽。

人的生命只有一次，一旦失去便不能再次拥有。也正因如此，人们才会对死后的情形感到好奇。待到生命枯竭之后，灵魂和精神还会继续存在吗？生命和灵魂是一回事吗？在有些文化中，为了克服对死亡的恐惧，人们在很久很久以前就思考了很多。

其中一种说法认为，人死之后一切皆"空"，灵魂和心灵都会一同消失。

另一种说法是"轮回"。具体来说，人死后灵魂会从"这个世界"去往"另一个世界"，随后再经历重生，重新回到"这个世界"。

第三种说法则是由柏拉图提出的"灵魂不朽"。他认为，当肉体失去生命之后，灵魂还会继续存在。

Q 人为什么会伤害他人?

A 因为他们希望享有特权。

哲学思考

让-雅克·卢梭（1712—1778）
人类存在两种不平等。

卢梭在《论人类不平等的起源和基础》中提到，人类存在两种不平等：一种是自然的或生理的不平等，这种不平等是由自然造成的，是天生的，主要体现在年龄、外表、体力、智力等方面。

另一种我们可以称之为精神的或政治的不平等，这种不平等是在人类共识的基础上建立起来的，主要体现为少数人通过损害他人利益而享有各种特权，例如损害他人利益而变得更加富有、更加尊贵、更加强大，甚至让他人臣服。

卢梭认为，人类给予不同个体的重视程度，使人们之间相互评价，虚荣、嫉妒、报复等心理状态逐渐产生，每个人的等级和命运不仅取决于财富的数量、每个人有利于他人或者有害于他人的能力，还取决于美貌、力量、功绩等种种品质。人们为了争取特权，骗人的诡计等伤害他人的行为便随之而来。我们不要伤害别人，也尽力不让别人伤害自己。

图书在版编目（CIP）数据

关于人生的26个为什么 /（日）岩村太郎著；张惟，边大玉译. -- 北京：中信出版社，2021.8
（10岁开始思考世界）
ISBN 978-7-5217-3184-2

Ⅰ.①关… Ⅱ.①岩…②张…③边… Ⅲ.①人生哲学－少儿读物 Ⅳ.①B821-49

中国版本图书馆CIP数据核字(2021)第100345号

「10歳の君に贈る心を強くする26の言葉」（岩村太郎）
10SAINOKIMINIOKURUKOKOROWO TSUYOKUSURU 26NOKOTOBA
Copyright© Tarou Iwamura 2018
Original Japanese edition published by Ehonnomori Co., Ltd, Tokyo, Japan
Simplified Chinese edition published by arrangement with Ehonnomori Co., Ltd
Through Japan Creative Agency Inc., Tokyo.
Simplified Chinese translation copyright ©2021 by CITIC Press Corporation
ALL RIGHTS RESERVED
本书仅限中国大陆地区发行销售

关于人生的26个为什么
（10岁开始思考世界）

著　　者：［日］岩村太郎
译　　者：张惟　边大玉
出版发行：中信出版集团股份有限公司
　　　　　（北京市朝阳区惠新东街甲4号富盛大厦2座　邮编　100029）
承　印　者：天津联城印刷有限公司

开　　本：889mm×1194mm　1/24　　印　张：3　　字　数：90千字
版　　次：2021年8月第1版　　　　　印　次：2021年8月第1次印刷
京权图字：01-2021-4323
书　　号：ISBN 978-7-5217-3184-2
定　　价：49.80元

版权所有·侵权必究
如有印刷、装订问题，本公司负责调换。
服务热线：400-600-8099
投稿邮箱：author@citicpub.com